# 难倒老爸

## 科学解答看似简单的"孩子"问题

### 海底两万里

纸上魔方 编

U0376369

适合 3~10岁 阅读

吉林科学技术出版社

图书在版编目（CIP）数据

海底两万里 / 纸上魔方编. -- 长春：吉林科学技
术出版社，2014.10
（难倒老爸）
ISBN 978-7-5384-8296-6

Ⅰ.①海… Ⅱ.①纸… Ⅲ.①海洋-青少年读物
Ⅳ.①P7-49

中国版本图书馆CIP数据核字(2014)第219373号

# 难倒老爸

## 海底两万里

编　　纸上魔方
出 版 人　李　梁
选题策划　赵　鹏
责任编辑　周　禹
封面设计　纸上魔方
技术插图　魏　婷
开　本　780×730mm　1/12
字　数　120 千字
印　张　10
印　数　1-8000 册
版　次　2014年12月第1版
印　次　2014年12月第1次印刷
出　版　吉林科学技术出版社
发　行　吉林科学技术出版社
地　址　长春市人民大街 4646 号
邮　编　130021
发行部电话 / 传真　0431-85677817 85635177 85651759 85651628 85600611 85670016
储运部电话　0431-84612872
编辑部电话　0431-86037698
网　址　www.jlstp.net
印　刷　长春百花彩印有限公司
书　号　ISBN 978-7-5384-8296-6
定　价　19.90 元

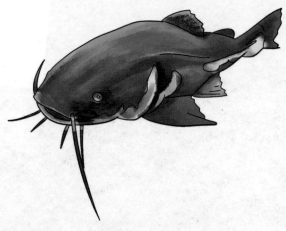

# 海洋王国超精彩！

　　海洋就像水做的蓝被子！覆盖在地表的海水，不仅让地球温暖湿润，也给众多海洋生物创造了赖以生存的理想国度。海里有动物，有植物，有微生物，也有看不见的病毒。这么说吧，那个世界与大地几乎没什么分别。

　　海沟就是海底最深的地方！你知道全世界最深的海沟在哪里吗？哈哈，太平洋底的马里亚纳海沟，距离海面11000多米，这个深度已经超越了珠穆朗玛峰的身高。

　　生活在海洋里的朋友们，到底长什么样呢？哇，千奇百怪的大鱼和小鱼；躲在壳里的螺和贝；能爬会游的蛇和龟；软绵绵的水母和海葵；花一样的珊瑚；滑溜溜的海藻……天哪，海底的色彩很绚烂，海底的竞争很激烈，海底世界每时每刻都在焕发着我们意想不到的精彩！

# 目录

## CONTENTS

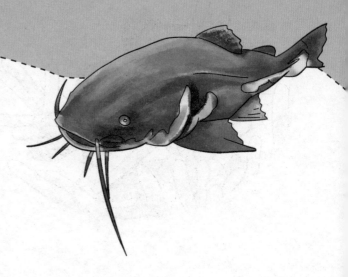

# 谁给地球穿上了蓝褂褂?

外星人可以作证，地球真的是个蔚蓝色的星球！这是怎么回事呢？哈哈，假设我们把地球表面分成十个相等的块块，其中有七块被海水覆盖着。如此一来，地球就变成了水汪汪、蓝盈盈的球。

尽管"海洋"是个惯用词汇，事实上海是海，洋是洋，千万别混为一谈。

北冰洋有三个最——是全世界最浅、最小和最冷的大洋！很久以前，人们还以为北冰洋就是一块冰冻的大陆呢。直到美国派出了鹦鹉螺号潜艇，这时候才发现，冷冰冰的北极竟然还藏着一块亮晶晶的大洋，也就是北极熊游泳的地方。

# 四大洋心连心?

你相信乘船可以一路畅通游遍世界吗?哈哈,千万别怀疑,因为地球上有着相连相通的水路,四大洋正是贯穿其间的纽带。哪四大洋呢?太平洋、印度洋、大西洋,还有一个北冰洋。

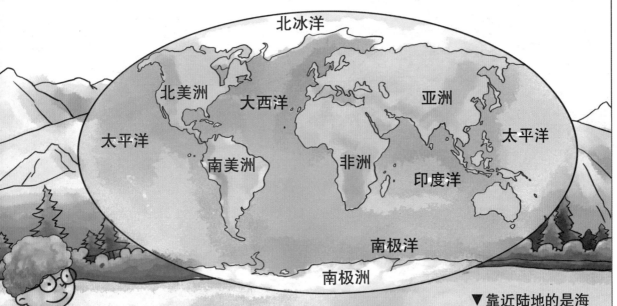

北冰洋

北美洲　　　大西洋　　　　亚洲

太平洋　　　　　　　　　　　　　太平洋

南美洲　　　非洲

印度洋

南极洋

南极洲

我们都知道海洋这个词,其实,洋和海根本不是一回事。它们有什么分别呢?简单地说,洋大海小,四大洋包括很多很多片海水。另外,尽管大洋里有很多很多水,但是只有靠近陆地的那部分才叫海。

▼靠近陆地的是海

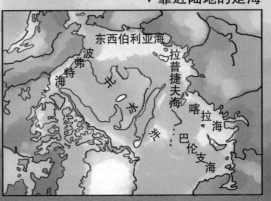

东西伯利亚海

波弗特海

北冰洋

拉普捷夫海

喀拉海

巴伦支海

# 大陆的尽头在哪里

哈哈，大陆走到头就是"大陆架"了，这里是大陆和海洋牵手的地方。大陆架又叫"大陆浅滩"，其实你可以把它看作一个水盆的盆沿，因为它只有极少一部分淹没在水下。

其实大陆架就是海陆之间的过渡带，这个地方不仅物产丰富而且风景独好。

▲阳光和沙滩

躺在沙滩上晒太阳，看八脚螃蟹满地爬，偶尔还有小鱼被顽皮的海水推上岸……大陆架总会给你意外的惊喜，所以这里往往被开发成度假胜地。

# 富可敌国的大陆架

哇，油田！没错，每个大陆架都是个货真价实的富翁，它身边可能蕴藏着煤、天然气、铜、铁等大量宝贵资源。鱼儿也乐意栖居在大陆架浅滩，享受阳光和美食。

你知道喜马拉雅山为啥一直长个子吗？原来，它不小心站在了大陆架上，脚下海水动一动，喜马拉雅山就可能被抬高一点。

▼越来越高的喜马拉雅山

# 那些来自大海的特别礼物

医药、能源和粮食，大海啥都有。你知道啥叫锰结核吗？告诉你吧，它是藏在海里的一种金属矿物，而且储备量每年都在增长。

谁说只有土地才能播种粮食，其实大海也能招呼咱们吃饱吃好。

海参可以分泌一种毒素，但是不会害人哦。毒素能干吗呢？哈哈，以毒攻毒！海参贡献的毒素能够制成药剂，用来抑制可怕的肿瘤。

▼它就是锰结核

▼一条胖海参

# 海底火山的馈赠

你知道热液矿藏是啥东西吗？告诉你吧，这是海底火山喷发遗留的宝贵资源，其中含有极其丰富的金属元素，比方说金、银、铜、锌和铅。

▼冒着烟的海底火山

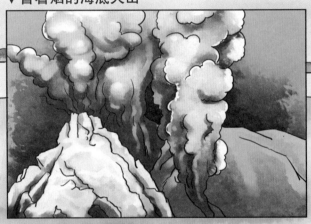

捕鱼捞虾，让人们的餐桌得到了极大丰富，身体也越变越强壮。喝水不忘挖井人！所以，我们接受大海馈赠的同时，绝不可以过度捕捞，同时要加倍爱护海里的珍稀动植物。

▼放归大海了

# 那些看不见的秘密分子

哇，太咸了！咳，一想到海水，嗓子眼儿咸得都快冒烟了。其实海水里还有很多我们看不到，也摸不着的玩意儿呢，比方说：各种金属元素、营养元素、微量元素……这样一来，小鱼和海藻才能吃饱吃好，茁壮成长。

大海不仅养活了众多海洋生物，它也期待人们前去探寻宝贝。

侵蚀

搬

晒盐场

▼ 盐工正在摊开湿乎乎的海盐

其实不论海水的成分有多么复杂，我们都可以用一句话来概括它，那就是无机物加上有机物。各种海洋生物就像转换器一样，促成有机物与无机物相互转化，同时维系了海洋世界的生态平衡。

海洋石油和天然气开发

# 盐田就是种盐的地方?

虽说海水里有许多盐,但绝不是一抓一大把。猜猜人们是如何提炼海盐的?哈哈,可以向太阳公公借把火哦。先用泵把海水抽上来灌入盐田,然后就可以等着了。过一阵子水被晒干了,剩下的就全是盐。

天哪,那么多好东西在海里白白漂着,一定要想尽办法占大海的便宜哦!到目前为止,人们已经从海水中提炼出镁、铀、锂等金属物质了。你知道镁可以干吗用吗?告诉你吧,它是一种轻型金属,用作汽车或者飞机、火箭的外壳最棒了。

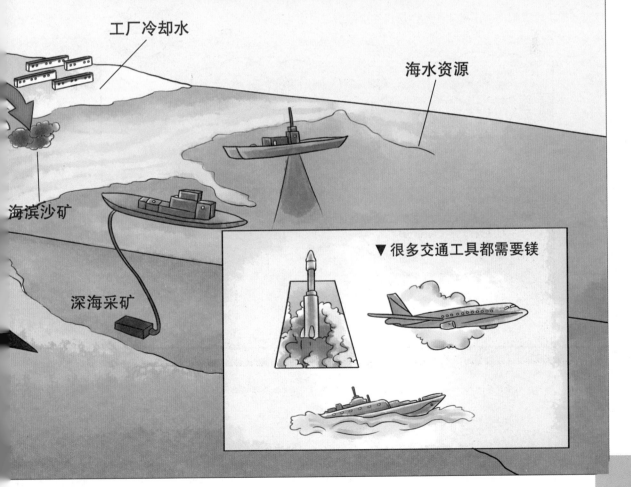

工厂冷却水

海水资源

海滨沙矿

深海采矿

▼ 很多交通工具都需要镁

# 东南西北的海水全都一样咸吗

哪里日照越足、天气越热，哪里的海水就越咸！这是什么道理呢？原来，强烈的日晒会让海水蒸发到空气中，但是这个过程并不能让海里的盐跟着飞到天上去。这样一来，海水当然会变咸了。

毫无疑问，天底下所有海水都是掺了盐的咸水，但是盐多盐少各不相同。

从天而降的雨水，也会稀释海水里的盐哦。就拿赤道地区来说，那里哗啦啦的大雨常年不断，所以赤道附近的海水也都不算咸。

移动

形成云

雨降落在陆地上

形成降雨

蒸发过于厉害的话会有许多水蒸气产生

盐分

水通过循环能起到调节地球气候的作用。

蒸发过于厉害的地方海水盐度越高，海水也就比较咸

▲海水里的盐分就是这样形成的

16

# 波罗的海的盐哪去了

其实，世界各地的海水，盐度各不相同。这么说吧，有的海水是浓盐水，有的是淡盐水。你知道哪片海最无味吗？告诉你吧，波罗的海的海水盐最少了。因为，许多大河都会给它补水，大家齐心合力把盐冲跑了。

你听说过著名的死海吗？哈哈，死海不死，就算你是个不会游泳的旱鸭子也可以放心一头扎下去。因为死海里的盐实在太多太多了，盐让这片海变得好像弹簧床一样，谁也休想沉下去。

▲ 海绵垫子似的死海

# 谁在指挥海水的流动

哈哈，海水也要做运动！我们把海水的运动称作洋流，也可以叫海流。你知道海水为什么会流动吗？告诉你吧，海水的流动会受到风力、气温、盐度以及水量变化等多种因素的影响。这种运动可能是左右动，也可能是上下动。

**海水循环流动的同时导致了沿途天气变化，也给鱼儿创造了欢聚的机会。**

　　哇，鱼来了，好多好多鱼！海洋鱼大欢聚，正是洋流的功劳之一。海水的大规模流动，可能让某个地方集中了大量的天然养分。哈哈，馋嘴的小鱼们很快就会闻着味纷纷找来了。

# 寒流是怎么回事

我们都知道，冬季天气预报总说：寒流来了！其实，寒流也是一种洋流哦。寒流所过之处，海面的水被冻凉了，但是较深处的海水并没受冻。这样一来，冷水沉下去找温暖，暖水涌上来乘凉。哈哈，洋流就这样形成了。

洋流经过的地方，可能发生各种各样的状况，比方说白茫茫的海雾。它们之间有什么关系呢？嗨，洋流来报到，海面湿度可能突然变大，于是四下一片雾蒙蒙。

▼迁徙的鱼群

▼海雾来了

# 无风哪来三尺浪

海上浪花一朵朵，小浪只有几厘米高，大浪可就威风了，一下子就能蹿上十多层楼那么高。好好的海水怎么会突然掀起大浪呢？天哪，塌陷、滑坡、地震……海底下也闹地质灾害。那地动山摇的，能不起浪吗？

海浪脾气怪，有时乖有时闹，想要大浪不惹事，必须使出手段严加管教。

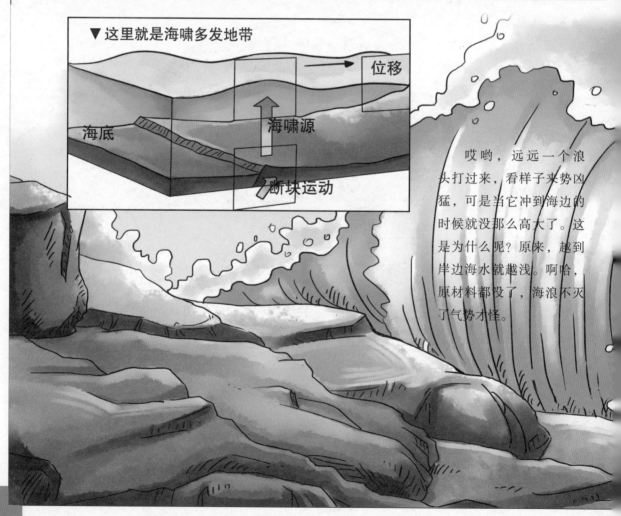

▼ 这里就是海啸多发地带

位移

海底

海啸源

断块运动

哎哟，远远一个浪头打过来，看样子来势凶猛，可是当它冲到海边的时候就没那么高大了。这是为什么呢？原来，越到岸边海水就越浅。啊哈，原材料都没了，海浪不灭了气势才怪。

# 一阵狂风吹

假如你有一碗水，你愿意对着水面吹口气吗？一定要用力哦！哈哈，碗里的水被你吹出了皱纹。所以，一阵狂风吹来，海水也会变得高低不平，形成姿态万千的浪花。风吹出来的海浪，就叫作风浪。

凶巴巴的海浪就像淘气的男孩子，它们也不是天天干坏事。比方说，闯进波浪发电厂里的大浪，就是来帮我们发电的好朋友。

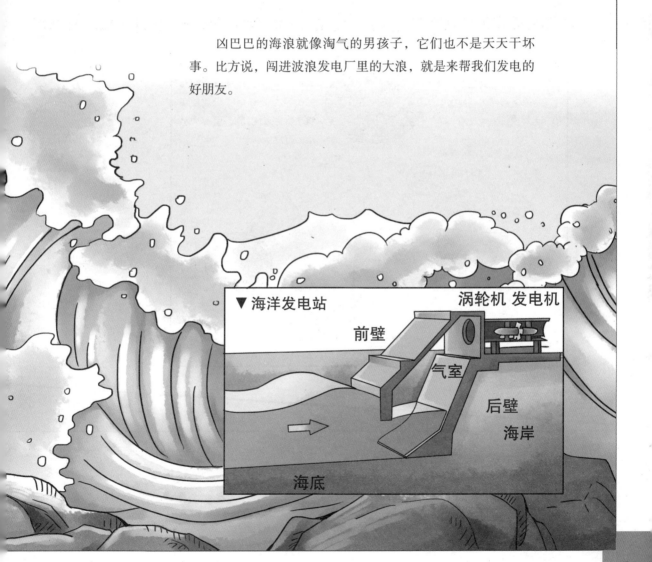

▼ 海洋发电站

涡轮机 发电机

前壁

气室

后壁

海岸

海底

# 潮起潮落为了谁？

潮水涨起来的时候，海中的小岛可能被埋没；潮水落下去的时候，不幸的大鲸鱼可能会搁浅的！一天时间里，海水为什么会起伏不定呢？哈哈，这件事是太阳、月亮干的，它就像一块大磁铁，转动的同时也引起了海水的涨落。

太阳公公真是名副其实的大力士，它竟然能够调动地球上大江大海潮涨潮落。

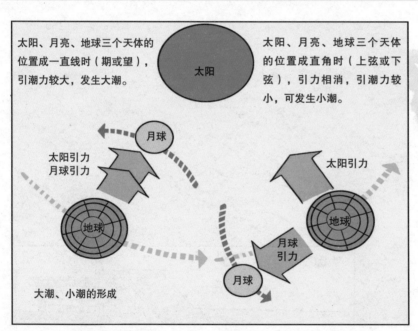

太阳、月亮、地球三个天体的位置成一直线时（期或望），引潮力较大，发生大潮。

太阳、月亮、地球三个天体的位置成直角时（上弦或下弦），引力相消，引潮力较小，可发生小潮。

太阳引力
月球引力

太阳引力

月球引力

大潮、小潮的形成

你知道潮和汐有什么分别吗？告诉你吧，不论海水涨与落，只要发生在白天就叫潮，发生在夜里才叫汐。

# "万马奔腾" 向太阳

其实除了月亮之外，太阳也会对潮水涨落贡献一份力量。你知道著名的钱塘大潮吗？天哪，钱塘汛潮涨之时，江水先是拱起一条线。快看快看，汛上波涛壶湃了，好似万马奔腾！直奔岸边观潮人。钱塘潮能够壮观亮相，太阳是功不可没的。

▼汹涌钱塘潮

一年一度的钱塘潮，总在农历八月十八那天出现。这是为什么呢？哈哈，那天是个特别的日子，太阳、月亮和地球约好了摆个"糖葫芦阵"。没办法，它们对钱塘江水的吸引力实在太大了。

▼捡贝壳的小姑娘

23

# 大鱼小鱼知冷暖

对于一片海洋来说，太阳就像手电筒似的，它也没法把海底照得暖融融亮堂堂。原来，阳光差不多只能穿透150米深的海水，这部分海水也被称作海里的阳光带。大部分的海洋生物会待在阳光带里，享受得来不易的日光浴。

从暖洋洋的海面到冷冰冰的海底，不同的光照与温度造就了本领各异的海洋生物。

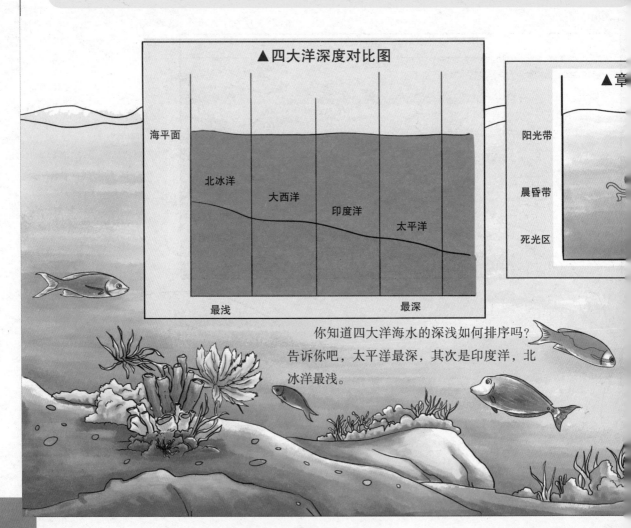

▲四大洋深度对比图

海平面

北冰洋

大西洋

印度洋

太平洋

最浅　　　　　　　　　最深

▲章

阳光带

晨昏带

死光区

你知道四大洋海水的深浅如何排序吗？告诉你吧，太平洋最深，其次是印度洋，北冰洋最浅。

# 为什么长得丑

晨昏带在阳光带下面，这里是乌贼和章鱼的安乐窝，那些家伙常年不晒太阳，所以它们身上的颜色也比较单调。晨昏带之下就是死光区，这里的生物数量少，而且长得丑。

猜猜，为什么海里的死光区那么凄凉呢？万物生长靠太阳！海洋动物要吃海藻，而海藻生长需要阳光。咳，太阳根本照不到死光区，谁愿意到这样的地方凑热闹呢。

**昏带的住客**

呵呵，骨骼柔软，肌肉弹性极好，而且身体里充满了水分——生活在深海里那些鱼，都有这样的特性。它们能够顶住来自海水的巨大压力，正是因为体内的水同时在向外用力。这么说吧，深海鱼各个都是超强"潜水艇"。

# 海洋里的那些动物师傅！

哦，抹香鲸的脑袋可太大了。但是这个大个子浮起来沉下去，一点都不费劲。原来，抹香鲸的大脑袋里存着好多好多油。油化了，鲸身浮上去；油结块了，鲸身沉下去。呵呵，潜水艇就是照着它发明的。

三鱼之中必有吾师！要是没见过抹香鲸，说不定人们至今都发明不了潜水艇。

鱼的侧线器官藏在它们身体侧面的皮肤下面，实际就是一条细长的线，这玩意儿可灵了。天哪，只要周围海水出现了轻微的波动，一条鱼立刻就会推算出：游来的鱼个头多大、游速多快，以及往哪个方向游。

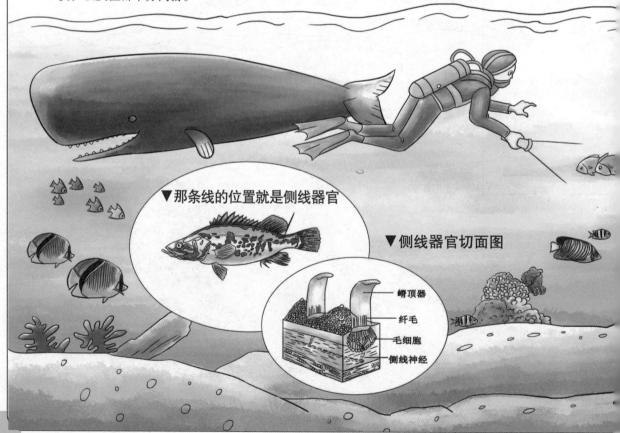

▼那条线的位置就是侧线器官

▼侧线器官切面图

嵴顶器
纤毛
毛细胞
侧线神经

# 大鲨鱼有啥绝活儿

你听过鲨鱼皮泳衣吗？哦，这种游泳衣表面很粗糙，但是会让你在水里游得更快。其实水中的你好比一个拦水坝，而泳衣上那些小突起就像坝上的细小的洞洞。这样一来，水流就会快速通过你的身体，而不会拼命拦住你。

轮船上安装的声呐系统，就是根据鱼的侧线器官发明的。哈哈，这片海域有多少鱼，有多大的鱼，有没有暗礁……至于这些问题，声呐会告诉船长的。

# 大海就是聚宝盆！

煤炭越用越少，天然气越用越少——咳，陆地上那些天然能源早晚会用光的。我们能不能向大海借点资源呢？当然可以，因为海底也有石油，有天然气……这么说吧，大海就是个聚宝盆，它所储备的宝藏可能比陆地多得多。

**但愿有一天大海可以成为地球人坚强的后盾！**

你觉得冰可以燃烧吗？哈哈，大海深处就存在一种可燃冰，它是天然气与水的混合物，样子长得像冰块。实际上，这东西学名叫天然气水合物，它具有杂质少、无污染等优点，是一种非常理想的清洁能源。

▲ 可燃冰

# 海底的"泥球"也是宝?

你想知道"抱球虫软泥"是什么东西吗?告诉你吧,它是大海特有的一种生物资源,是制造水泥的绝好原料。天哪,大洋底部一半以上的面积都被抱球虫软泥覆盖着,这要是全能挖出来用可就太棒了。

▼ 抱球虫软泥

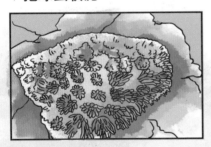

我们都知道,海水又咸又涩是没法喝的。不过,海水淡化技术正在一天天发展和完善,也许用不了多久,人们就能喝上来自大海的淡水了。

▼ 海水发电厂

# 一腔"怒火"压不住

天哪，炸开了！冒着黑烟就炸开了，就好像有人在海面上点燃了一个巨大的鞭炮似的。海底照样有火山！因为地球不是实心的，它肚子里也有各种各样不同的气体，有时难免会打个架。哎哟，火山爆发就表示，弟兄们已经闹翻天了！

**谁说天生的水能克火，其实狂暴的海底火山可以带着热气喷出海面。**

如果我们把地球比作一个大水杯，并且把杯子里的水全部倒掉。哦，原来地球不是圆溜溜的，而是坑坑洼洼的。那些坑洼不平的地方通常是火山、地震频发的地带。天哪，猛地一喷一震，海沟就出现了！

▼地壳运动灾难多

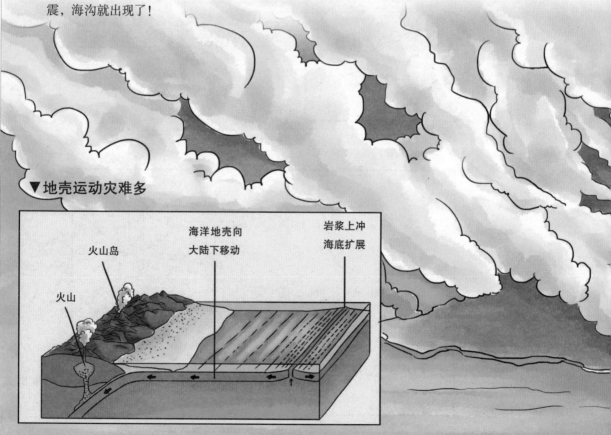

火山岛

火山

海洋地壳向
大陆下移动

岩浆上冲
海底扩展

# 拼起来的地球不牢靠？

其实，地球表面是有"接缝"的。也就是说，大陆和大陆、大洋和大洋，并不是牢不可破的整体。咳，那些接缝太不牢靠了，所以总被火山钻了空子。

哇，又长高了！位于北大西洋的苏尔特塞岛就是一座火山岛，最近几十年里，它时不时就会长高一点长胖一点。这是为什么呢？原来，苏尔特塞岛脚底下的火山还在喷发，于是这座岛的铠甲也越来越厚实了。

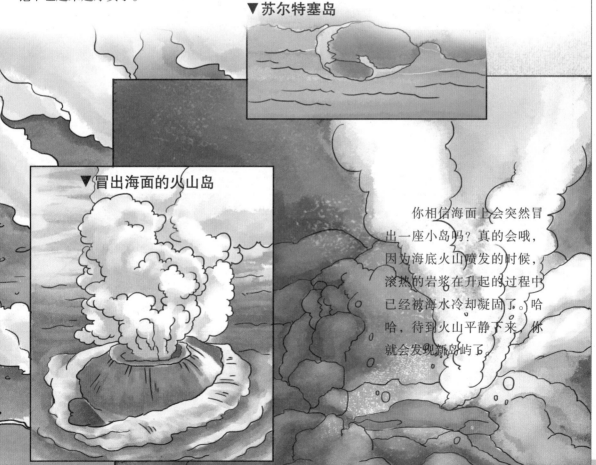

▼苏尔特塞岛

▼冒出海面的火山岛

你相信海面上会突然冒出一座小岛吗？真的会哦，因为海底火山喷发的时候，滚热的岩浆在升起的过程中已经被海水冷却凝固了。哈哈，待到火山平静下来，你就会发现新岛屿了。

# 大航海给世界带来了多大的改变

好几百年之前，大航海家哥伦布带领他的船队从西班牙起航，开始了漫无目的的漂游。天哪，就这么漂了好几个月，哥伦布的船员们都快绝望了。没想到正在这时，一块陆地突然出现了。对，"发现新大陆"指的就是这件事，被发现的就是美洲大陆。

**历史上数次著名的大航海，打开了世界各地人民相互了解的窗口。**

哥伦布
1492年-1502年
北美洲
西班牙
欧洲
亚洲
刘家港
古巴岛
海地岛
太平洋
大西洋
非洲
太平洋
郑和
南美洲
印度洋
1405年-1433年
大西洋
好望角
南极洲

▲哥伦布航海路线图

▼中国航海家郑和

你知道7月11日是个什么日子吗？告诉你吧，这一天是中国的航海日，也是伟大航海家郑和下西洋的纪念日。

# 开大船广交友

中国明朝时，明成祖朱棣派郑和七下西洋，堪称世界航海史上一大壮举哦。你知道郑和去过哪些地方吗？他到过印度洋和西太平洋，总共走访了三十多个国家和地区呢。从那以后，明王朝又结交了许多好朋友。

▼麦哲伦和麦哲伦海峡

　　你可能觉得，开船出海没什么了不起的。实际上，每一个敢于出海的古代人都是勇气与智慧的化身，他们太值得敬佩了。当年葡萄牙航海家麦哲伦用了一百多天，方才横渡太平洋。一路上缺吃少喝，却为世界人民开拓了崭新的海上大通道。

# 海里有很多老寿星?

四十多亿年之前，海底开始出现小生命了！经过漫长的进化，海洋生物的种类越来越多。而且，它们的眼睛、鼻子和耳朵……统统越来越灵敏了。对，这就像猿变成人一样，学走路学说话学劳动，总得慢慢来嘛。

**从小到大从无到有，海里的动物和植物不仅养活了自己而且关照了陆地生物。**

你知道鲎（hòu）是谁吗？哈哈，人家是海洋"活化石"，这家伙已经在地球上待了好几亿年了，但是模样没怎么变。到底长什么样呢？咳，远看好像没有脚的超大甲虫，鼻子上还有一根放倒的避雷针，真的太不俊俏了。

▼这就是鲎

# 自给自足不求人

天哪，没有氧气可不行，我们吸气呼气全离不开它，不然会憋死的。你知道最初的氧气来自哪里吗？告诉你吧，海藻们就是天然的氧气发生器。终于有一天，海水里的氧气已经多得没处存放，于是就冒出水面供给陆地生物呼吸了。

天哪，好像一个难看的吸尘器！说谁呢？就是欧巴宾海蝎，它生活在5亿多年前的海底。这家伙竟然长了5只眼睛，嘴里还叼着一把软柄"大钳子"。没错，它的钳子就像咱的筷子，是用来夹东西吃的。

▲欧巴宾海蝎

# 爬上岸去玩耍

可能是海里的生活实在太枯燥了，于是很久很久以前，有一部分动物爬上了陆地，并且渐渐习惯了离开水的日子。它们可以用肺呼吸；它们有着细密的皮肤，可以防止体内水分过度蒸发……对了，这就是早期的陆地动物。

费尽周折从海洋到陆地，许久以后空旷的大地终于变得生机勃勃了。

天哪，矛尾鱼来了！1938年的一天，非洲渔民抓到了一条怪模怪样的大鱼，后来发现它竟然是腔棘鱼家族成员。这种鱼出现在几亿年之前，直到2007年还有活的被逮到呢。

▼捕获矛尾鱼

# 怪模怪样的"活石头"

腔棘鱼来了，好丑好丑的鱼哦，好像石头雕成的，而且石匠手艺不太好。其实这是个本领高强的家伙，它竟然可以用鱼鳍当脚，上岸走一圈呢。这说明人家已经具有水陆两栖的潜力，就像乌龟和青蛙一样。

看一眼古老陆地动物的化石，你一定有个错觉，感觉它们好像是长了四条腿的鱼。哎哟，那肋骨简直就是两排鱼刺。

▲古老陆地动物化石

# 鱼有鱼形

鲤鱼、带鱼、小丑鱼……鱼的样子简直千变万化，但是也有相似之处哦。快看快看，比目鱼是"扁平形鱼"的代表；鳗鱼绝对是"棍棒形"；带鱼就是"侧扁形"；草鱼是"纺锤形"鱼，因为它脑袋尖、尾巴尖，肚子有点胖。

**鱼的要求并不高，但是别以为它们有水就能活。**

河鱼其实就是淡水鱼，你知道世界上最大型的淡水鱼是谁吗？告诉你吧，这个纪录是一条大鲶鱼创造的，那家伙是在泰国捞上来的，体重差不多600斤。

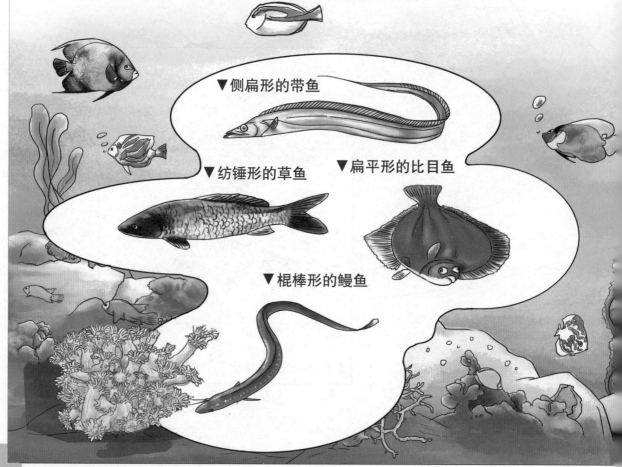

▼ 侧扁形的带鱼

▼ 纺锤形的草鱼

▼ 扁平形的比目鱼

▼ 棍棒形的鳗鱼

# 海鱼与河鱼有啥不一样呢

全世界的江河湖海里，可能生活着两万多种鱼，其中海洋鱼一万多种。假如一条海鱼被扔进淡水里，惨剧一定会发生。因为海鱼的血压已经适应了咸咸的海水，一旦水里没有足够的盐，它们的血管都会爆裂。

宽阔的海洋里，鱼的活动空间很大，它们可以尽情锻炼身体。所以，海鱼的肉质往往比较紧实细腻。哈哈，这就好像经常游泳的人大多有着健美的好身材一样。

▼大嘴巴鲶鱼

# 生活在海洋中的动物全都是鱼吗

哈哈，鱼类只是海洋动物中的一个小分队！海里还有什么动物呢？原来，大海里还有哺乳动物，比方说海豚和鲸鱼，它们都是喝妈妈的奶水长大的；海里也有章鱼那样的软体动物；有海参那样皮肤特粗糙的棘皮动物。

海洋世界里有"花朵"盛开，有"人鱼"徘徊，反正整天游泳的不一定都是鱼。

快看，美人鱼来了！其实，美人鱼就是海牛，也叫儒艮。海牛长得嘛，就像胖得不成样的海豚，而且鼻子被撞扁了。对，这家伙一点都不像漂亮姑娘。

▼海牛的证件照

40

# 不幸中的万幸

顽强的棘皮动物可以待在黑洞洞的海底，忍受没有阳光、食物稀少的贫苦生活。海星和海胆都是典型的棘皮动物，这些家伙具有神奇的再生能力。假如一条海参不幸断成两截会怎样呢？放心，用不了多久它就会变成两条新海参。

你知道海百合是谁吗？哦，海底的百合花可不是花，它也是一种棘皮动物。海百合长着许多条柔软的触角，触角上还有绒毛。它们随着海水的律动变换不同的姿态，要论漂亮，可能胜过百合花呢。

▼ 美丽的海百合

# 海里那些"奥特曼"

没有翅膀也能飞吗？蝠鲼能！蝠鲼是鳐鱼的一种，这家伙起飞的时候活像一只肉乎乎的黑衣大蝙蝠。蝠鲼不想打架，但是它也不想受欺负。否则它肚皮一挺，脖子一伸，完全有能力把一条小船撞翻。

有鱼深潜九千米，有鱼结队海上飞，那些宝贝真的练就了无法想象的超能力。

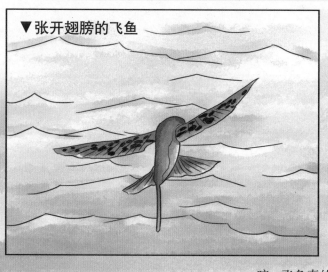

▼张开翅膀的飞鱼

咳，飞鱼真的不该叫作飞鱼，还是叫它们跳鱼比较合适。这是为什么呢？哈哈，飞鱼真的有"翅膀"，而且你会看到成群的飞鱼在海面上。事实上，它们是利用拍击水面的方式把自己弹起来的，向前滑行一段距离再弹一下，看起来真的像在飞。

# 似睡非睡

一边睡觉一边写作业，你能办到吗？哈哈，亲爱的小海豚可以哦，人家还能一边睡觉一边游泳呢。原来，海豚就算闭上眼睛睡着了，它的大脑依然是清醒的。

谁家的老爸会生宝宝呢？海马爸爸就是这么奇特。其实，海马宝宝也是妈妈生的，老爸只是帮忙孵化而已。因为，海马爸爸有个育儿袋，其实有点像袋鼠妈妈的口袋。还没孵出来的小海马暂时寄存在育儿袋里，大约20天之后，宝宝们就会陆续爬出来了。

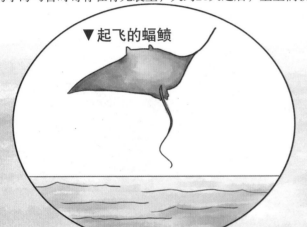

▼ 起飞的蝠鲼

▼ 海马爸爸生宝宝

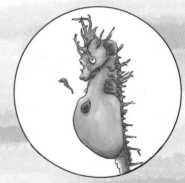

嗨，就算我们在浴缸里泡个澡，也会感觉到洗澡水的压力。可想而知，潜入深海的压力一定是很大很大的。奇怪的是，竟然有些超顽强的生物，在漆黑冰冷的海沟里依然好好地活着。比方说欧鲽鱼，那家伙长得有点像海参，是在九千多米的水下被发现的。

# 谁在海里说说唱唱

生活在尼罗河里的大嘴电鲶鱼会学猫咪叫，而且是愤怒的猫咪！石首鱼那种东西，简直是天生的口技演员，它们能够模仿车碾地的声音，模仿小蜜蜂振动翅膀的声音，还能模仿猫咪打呼噜呢。千万不要以为小鱼儿有口不能言哦。

这个会说那个会唱，因为鱼儿都有无线电话，所以它们不怕远游难。

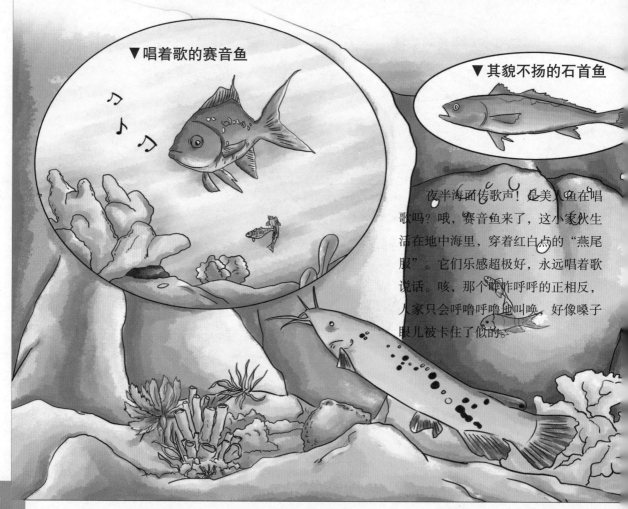

▼ 唱着歌的赛音鱼

▼ 其貌不扬的石首鱼

夜半海面传歌声！是美人鱼在唱歌吗？哦，赛音鱼来了，这小家伙生活在地中海里，穿着红白点的"燕尾服"。它们乐感超极好，永远唱着歌说话。咳，那个呼作呼呼的正相反，人家只会呼噜呼噜地叫唤，好像嗓子眼儿被卡住了似的。

# 嘀嘀咕咕的鱼

你知道鱼儿是怎么发出声音的吗？哈哈，办法多的是，例如：扭动骨骼、收缩鱼鳔，或者涌动呼吸系统以及肠道内的气体。大多数鱼儿不算健谈，但是需要呼朋引伴的时候，它们也可能变得能说会道。

哎哟，豹鲂鮄（音：福）真是个话痨，而且有点神经质。它们待在海里为家务事争吵，被逮上岸还会对渔民大喊大叫。豹鲂鮄长什么样啊？天哪，这家伙张开两片大大的鱼鳍，简直是个超大的飞蛾。

▼飞蛾似的豹鲂鮄

45

# 谁是深藏不露的海底侠

天哪，石头眨眼了！嘿嘿，你被骗了，那是一条冒充石头的石鱼。它们生活在太平洋、印度洋的浅海里，最爱跟大大小小的珊瑚、石头套近乎了。哎哟，虽说石鱼一直在泡澡，可是这家伙身上总像挂着一层烂泥似的。

一条有涵养的鱼是不会随便欺负别人的，但是咱也不是好欺负的。

**冒充石头的石鱼**

哟哟哟，一会儿像朵花，一会儿像条蛇——拟态章鱼简直是个魔法师！嗨，大海是个危险游乐园，没点本事哪敢出来混呢。拟态章鱼也是软绵绵的八脚鱼，只不过穿了件会变色的条纹衣裳。哈哈，如果海鸟来了，咱就装成海蛇；鲨鱼来了，咱就假扮花石头，让那些家伙没法下口。

▼拟态章鱼

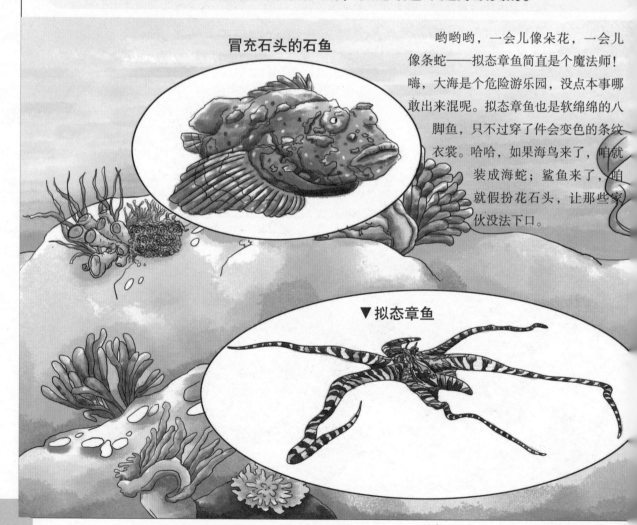

# 鱼不犯我我不犯鱼

石鱼有个大脑袋，看起来挺憨厚的，实际上它凶着呢。咳，鱼不犯我我不犯鱼，假如哪条鱼敢向石鱼叫板，那它就惨了。石鱼会咬人吗？根本用不着动嘴咬，因为咱是有毒的，粘上谁谁倒霉。

哦，一撮撮"海藻"扭扭地游走了，有绿色的、橙色的，还有金色的。哈哈，你看到的是草海龙，这小东西的胳膊腿都长成了叶子的模样。要是人家不转眼珠，咱们休想认出它来。

▼草海龙来了

# 睁大眼睛睡个好觉

如果你发现，一群鱼一动不动在水中玩悬浮，它们一定是睡着了。不对不对，明明都是睁着眼睛的，谁会睁着眼睛睡觉呢？哈哈，就算天塌了，鱼儿也不能闭眼睡觉，因为它们根本就没有眼皮。

吹泡泡挖沙子，为了睡个安稳觉，鱼儿们真是想尽了办法。

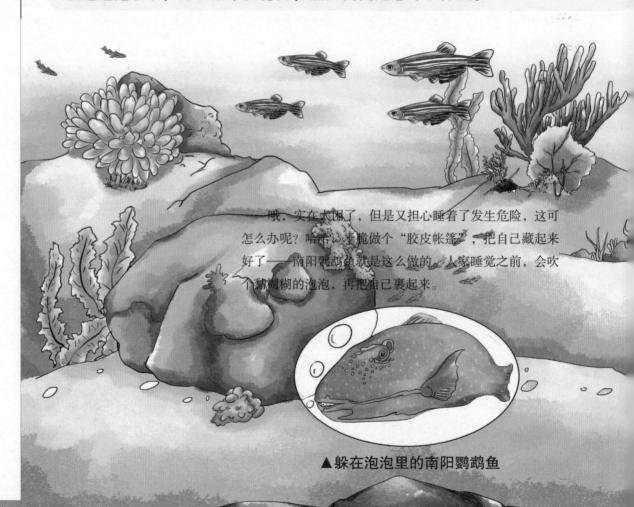

哦，实在太困了，但是又担心睡着了发生危险，这可怎么办呢？哈哈，干脆做个"胶皮帐篷"，把自己藏起来好了——南阳鹦鹉鱼就是这么做的。人家睡觉之前，会吹一个黏糊糊的泡泡，再把自己裹起来。

▲ 躲在泡泡里的南阳鹦鹉鱼

# 肚皮都朝上了？

你以为，肚皮朝上的鱼儿死掉了对不对？但是，偏有不信邪的家伙仰面朝天地睡。谁呀？快看，它来了，长着一对鼓起来的蛤蟆眼，身上没有鳞，大脑袋有点像狗狗——其实就是狗头鱼嘛，学名叫叉鼻鲀，也是海中"毒鱼"之一。

其实，为了睡个安稳觉，鱼儿们已经想尽了办法。就拿锦鱼来说吧，尽管它不会吹泡泡，但是会钻沙子。哎哟，躲进细细的海沙里倒头就睡，谁都发现不了。

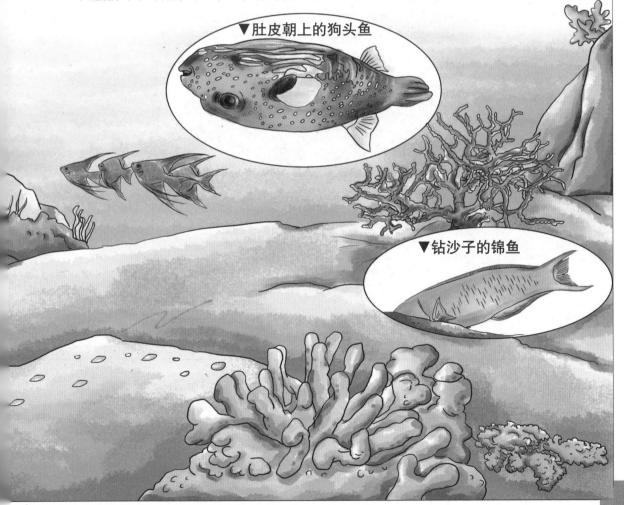

▼肚皮朝上的狗头鱼

▼钻沙子的锦鱼

# 海里的朋友到一起

你不用认识我，我也不需要认识你——海里的朋友到一起，何必分你我！寄居蟹这家伙虽然号称有壳动物，但是实在太脆弱，只要你轻轻一捏，它就无家可归了。就这样认命了吗？哎哟，只要伸出钳子撬开一个贝壳，那不连吃带住全有了？

**面对凶猛的敌人，海里那些弱不禁风的小家伙才不会坐以待毙呢。**

如果你逮到了一条海参，说不定还会意外收获几条小隐鱼。哈哈，隐鱼长得好像一根大号缝衣针，每当它们被追得没路可逃的时候，就会钻进海参肚子里避难。海星以及其他贝壳动物的身体，也会被隐鱼当作藏身之所。

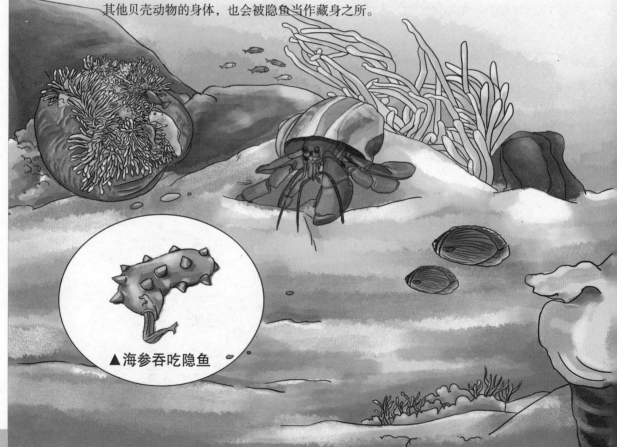

▲ 海参吞吃隐鱼

# 互相关照

房子借来就能安心吗？不不不，寄居蟹觉得，还应该找个武艺高强的朋友做搭档。哦，海葵被选中了，因为那家伙长着许多有毒的触角，是个出了名的惹不起。寄居蟹其实也挺讲义气的，它总会把自己吃剩的东西分给海葵。

聪明可爱的尼莫，已经让小丑鱼变成了家喻户晓的动物明星。这种颜色艳丽、线条圆润的小家伙，永远在海葵的身边绕来绕去。因为它们知道，没有什么动物愿意招惹有毒的海葵。

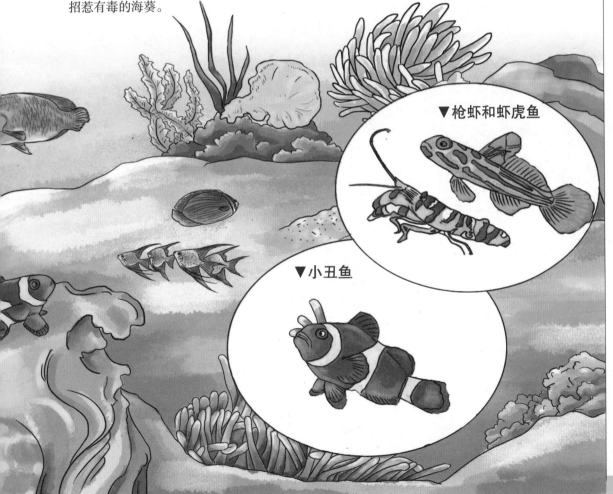

▼枪虾和虾虎鱼

▼小丑鱼

# 没腿如何游八方

藤壶这东西其实就是一种有壳的小动物,灰白色的。因为看起来有点像大马的牙齿,所以小名也叫马牙。尽管藤壶没腿没脚的,但是人家想去哪就去哪,因为它们会吐胶水,随便把自己粘到哪条船上就出发了。

## 不论鱼儿还是贝,它们都是无腿能神游的奇侠。

我们都知道,只有身体保持平衡,才能稳稳走路不摔倒。但是,八爪大章鱼实在太滑稽了,它竟然会用两爪着地,同时挥舞其余六个爪子摆出一副张牙舞爪的恐怖样子。其实章鱼也不想老做这种高难度动作,只不过每当遇到麻烦的时候,它必须给自己壮胆。

▲ 逃命的扇贝

▼ 海胆赖上海龟

▲ 章鱼演杂技

# 借条船去远行

你见过海胆吗？哎哟，那家伙长得就像一个正在做针灸的荔枝！其实，海胆身上除了刺还有腿呢。呵呵，能伸能缩，有吸盘的腿。海胆一伸腿，就可以吸在其他东西身上，请人家带它走一程了。

　　倾斜身体，深吸气，然后——狠狠吐一口水！这是干吗呢？哈哈，扇贝就是用这个办法在水下奔跑的。哦，每一次吐出的水都会产生后坐力，就好像开炮那样，于是扇贝被推跑了，速度还挺快。

▲ 藤壶

# 海洋里为什么盛产巨无霸

大象很大，鲸鱼更大！的确，海里的大型动物多得数不清。这是为什么呢？原因有好几个，比方说：海水可以帮动物们减轻压力。换句话说，生活在海里就算胖一点也没关系，因为海水可以托着它们，绝不会感到行动困难。

不可思议，一头乌贼竟然也能长到大象那样的个头。

非洲象是世界上最大的大象，它们长大了可能有3吨多重。猜猜，一头长大的蓝鲸有多重？告诉你吧，30头非洲象摞起来，才能抵上一头大蓝鲸。

# 吃得饱长得壮

另外，偌大海洋里，大家住得很宽敞，能吃的东西多的是，不长个子才怪了。陆地上就苦了，由于人们过度开发，动物们的野外生存空间已经越来越狭小了，不论狮子、老虎，还是大熊猫，统统都有饿肚子的可能。

你听说过霸王乌贼吗？这个家伙就像特大的鱿鱼，平常待在深海里，想吃啥吃啥，所以养肥了。天哪，体重竟然达到2～3吨，跟大象差不多。

▼大王章鱼

# 鲸家秘闻知多少

白鲸、蓝鲸、抹香鲸、长须鲸、座头鲸、独角鲸，还有可爱的海豚……哦，鲸家成员真不少。海豚真的和所有鲸鱼一样，它们都得把脑袋伸出水面透气，鼻孔都长在脑袋顶上，都有发达的大脑……总之怎么看都是一家子。

鲸的种类真不少，长相也是千差万别，其中和所有鲸长得最不像的鲸就是海豚了。

你试过潜水憋气的感觉吗？没错，肺都要炸了。但是抹香鲸太棒了，它们能够潜入水下1000米的地方，憋气两小时。

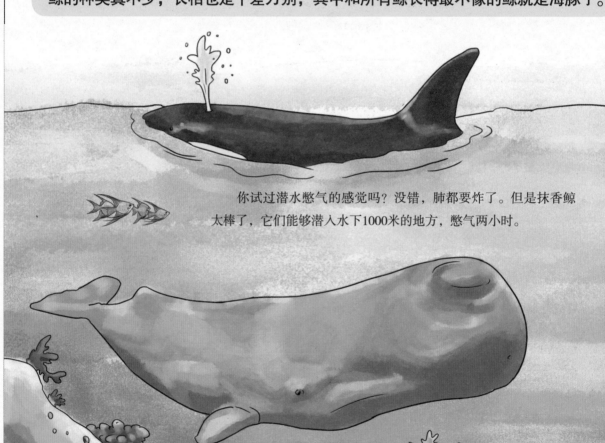

# 海豚和谁是兄弟

闭上眼睛想一想，海豚好像都是尖嘴巴的。其实这是个错觉，因为，尖嘴巴的大多是宽吻海豚。而它的兄弟鼠海豚当中，有很多短嘴美人呢。

鲸鱼有牙吗？哈哈，齿鲸长着一口小白牙，而须鲸没有牙。抹香鲸和虎鲸都是齿鲸，它们打猎本领很高强。而蓝鲸就是一种没牙的须鲸，它基本上只能吃点小鱼小虾或者海藻，因为这些东西是不怎么需要嚼的。

▲海豚张嘴露出小白牙

# 鲨鱼都是疯狂的杀手?

牛鲨、虎鲨、猫鲨、大白鲨……哈哈,"鲨家"也是大家族。但是想想鲨鱼就害怕,那一对小眼睛冒凶光,整天都龇牙咧嘴的。你想知道姥鲨是谁吗?天哪,姥鲨长着一张能吞下大象的大嘴,嘴里有六百多颗牙齿!

有的温顺、有的狡猾,总之小眼睛鲸鱼不一定都迟钝、都冷血。

嘿嘿嘿,又骗来一个。谁在偷笑呢?哎哟,猫鲨又得逞了,这家伙经常把后背露出水面,假装礁石。一旦海鸟下来落脚,猫鲨大嘴一张,鸟肯定完蛋了。

# 姥鲨真的很温柔

咳，你不信也得信，它的确是最温柔的鲨鱼之一。牙齿多并不一定爱吃肉，其实姥鲨嘴里的牙只起到了守门员的作用，它们可以阻止吃到嘴里的东西漏出来。

如果能摸鲨鱼一下，会是啥感觉呢？这么说吧，顺茬儿摸是滑溜的，摸反了一定很扎手。因为，鲨鱼长了一身又尖又硬的鳞片。

▼ 粗糙的鲨鱼皮

哇，穿花点儿衣裳的鲸鲨来了！它的大扁嘴巴跟鲇鱼可像了。不过不用怕，这位朋友也是一种温顺的鲨鱼。

59

# 海绵宝宝到底长啥样

哦，海里的海绵，并不是擦玻璃用的。原来，海绵是一种非常古老的动物，它们个头有大有小，颜色像花朵一样鲜艳，形状千差万别。有成片的海绵，有圆球形的海绵，也有长成扇子那样的……其实这和珊瑚有点像。

活在海里的"海绵宝宝"是一种简单而聪慧的古老生物。

天哪，暗礁也有活的！大多数海绵是软的，但是玻璃海绵有点硬。很久以前，许多玻璃海绵凑在一起，藏在水面以下不远的地方。它们就像摆在马路上的大石头，要是不能及时发现，一定会把过往的船撞个鼻青脸肿。

▼片状海绵

# 没嘴怎么吃东西

咳，海绵没有嘴巴，没有肠胃，没这没那的，猜猜，海绵是怎么吃东西的？原来，这家伙是一种多孔动物，它身上遍布着细密的小洞洞，其实有点像过滤网一样。洞洞会帮助海绵，把水中那些有营养的好吃的吸收到身体里。

日子不好过就分家，情况好转了再相聚——海绵真是这么想的。食物较少，或者海水污染严重的时候，大块海绵就会自动拆分成小片片，因为这样可以减少消耗。

▼ 花一样的海绵

▲ 筒状海绵

# 海底的"萤火虫"亮闪闪

阳光照射不到的大海深处，难道永远漆黑一片吗？当然不会了，因为那里生活着许多会发光的朋友。比方说烛光鱼、灯笼鱼、龙头鱼，还有各种会发光的水母。快看，灯笼鱼来了！它们成群结队，一闪一灭，这是有事要办。

生在伸手不见五指的海底，只能自己想办法照亮前程了。

礁环冠水母周身红彤彤的，要是把它的触角全拔掉，那样子就和大脸向日葵长得差不多。它有什么本领呢？告诉你吧，这家伙是呜哇响的警报灯的老祖先。

▼大嘴鮟鱇鱼

# 提着灯笼的小鱼

小小的灯笼鱼能够发出红、蓝、紫等好几种颜色的光，就好像漆黑水底亮起节日彩灯那样。你知道灯笼鱼的小灯泡有啥用吗？告诉你吧，灯光可以帮它们找朋友，可以帮它们吓唬敌人，还能引诱鱼食儿上钩呢。

　　天哪，太丑了，鮟鱇实在太难看了。咳，鮟鱇鱼趴地上，特像一只被拍扁的巨大蝌蚪。鮟鱇鱼身体笨重，平日里行动困难。但是，这笨鱼也有笨福气，它们就像姜太公一样，坐在家门口等着小鱼小虾上门来。只要大嘴一张，就吃饱了。这是怎么回事呢？因为它能发出亮光，专门蒙蔽那些热爱光明的小家伙儿。

▼礁环冠水母

▼我是灯笼鱼

　　通身透明的叶状栉水母，好像没加色素的大果冻一样，在海底漂来漂去。它们能够发出蓝色和绿色的光，而且数量很多，绝对敢称水下路灯哦。

# 热乎乎的海水放光彩

哇，生活在热带海洋里的鱼儿，个个都穿花衣裳，好像集体参加选美大赛似的！原来，是充足的日光照射，让小鱼拥有了无比艳丽的颜色。美丽的珊瑚也是热带海洋的住客，它们也享受饱满的光照，让自己绚烂地绽放着。

阳光充足的热带海洋附近，各种生物的颜色全都格外美丽，八腿大螃蟹也不例外。

走进热带海洋，千万不要被那些漂亮外表迷惑哦。因为越是颜色亮丽的鱼儿，越有可能是"毒剂大师"！就拿蓝环章鱼来说，它身上的蓝色斑块，美得好像孔雀翎毛。但是，只要惹上它就死定了，这家伙一分钟就能毒死二十多个人。

# 阳光照上螃蟹背

澳大利亚的大堡礁附近，生活着四百多种珊瑚，它们集结起来不仅创造了地球上最美的一处景观，而且至今仍在添砖加瓦，帮助岛礁慢慢地长大。天哪，大堡礁的螃蟹都格外美，蟹壳鲜红鲜红的。

天哪，双髻鲨来了！这家伙脑袋横着长，好像汽车的保险杠，真够难看的。但是，只要晃晃这个怪脑袋，它就能眼观六路，三百六十度全观察了。

▲双髻鲨

◀有毒的蓝环章鱼

# 冰天雪地不寂寞

和绚烂的热带海域比起来，生活在北冰洋的动物们可太朴素了。没办法，在这个冰天雪地的世界里，绝不能穿得花枝招展，否则一定会被当成大众猎物的。

生于南极或北极，做梦都能看到雪，海豹们不得已练成了抗寒绝招。

▼北极鲟鱼

如果今天气温正好5℃，你就可以穿一件羊毛衫出去玩了，晒着太阳暖洋洋。你知道，海水的温度达到5℃，会发生什么情况吗？天哪，那时候北极鳕鱼就会热得受不了。

# 胖海豹要减肥?

哦，海豹简直胖成了火腿肠，它的腰实在太粗了！哈哈，海豹必须把自己养得胖胖的，因为只有储备了足够的脂肪，它们才有能力抗击严寒。另外，一旦食物紧缺的时候，那些脂肪还能提供一部分营养，从而帮助海豹渡过难关。

　　银亮亮的鲱鱼也是受冻的命，没事就在深海里贪凉快。不过，每到迁徙的季节，鲱鱼们结伴出行的场面壮观极了。大家同行有啥好处呢？哈哈，鱼多力量大，就算有不知趣的大个子勇闯鲱鱼群，得手的概率也会大大降低的。

◀结伴游泳的鲱鱼

# 谁是最聪明的海螺

海螺那种小东西，有着千姿百态的美丽外壳。但是，你无论如何也想不出，它们的鼻子眼睛和嘴巴在哪里。海螺个个都是一问三不知吗？哎哟，鹦鹉螺的记性好着呢，人家不仅能够分辨出不同的颜色和气味，还能把学过的功课记住。

海螺是生活在海里的软体动物，它们个头大大小小，形状千奇百怪。

猜猜，鹦鹉螺有手吗？哈哈，它们有好几十条触手！每当吃饭的时候，那些细细的触手就会伸出螺壳，好像一束飞舞的丝带。

▲ 尖尖的织纹螺

▲ 伸出触角的鹦鹉螺

# 害羞的"牛犄角"

鹦鹉螺的壳，长得有点像害羞的牛角，羞得卷起来了。至于壳上的花纹，很可能是照抄了百兽之王大老虎！鹦鹉螺已经在地球上生活4亿多年，沧海桑田的变换实在见多了，它们就是海洋活化石。

　　大多数情况下，鹦鹉螺会躲在海水深处，与那些孤单的岩石相依为命。假设一场暴风雨刚刚结束，你也可能在海面上发现许多冲浪的鹦鹉螺。这时候，它们会像安心的蜗牛那样，尽情舒展头和触手，姿态相当优雅。

# 神奇的再生能力

你知道水螅是谁吗？哈哈，这小动物长得好像水草一样，有的开枝有的散叶，有的无色透明，也有的穿着素淡颜色的外套。简简单单的水螅是一种腔肠动物，它们没有大脑，没有心肝肺，身子几乎就是一层皮儿。

**遇上心狠手辣的对手，最明智的做法就是"丢卒保车"！**

我们都知道，如果一个人摔断了腿，肯定躺在床上动不了。但是在大海里，像水螅一样的坚强斗士多着呢，比方说海星、海参还有大章鱼。这些家伙断了胳膊断了腿，很快就能长出新的，比3D打印还先进！

▼会发芽的水螅

70

# 发芽了!

水螅就像春草似的，可以不停不停地生长。呵呵，两天不见十八变。猜猜，水螅宝宝是怎么出生的？原来，水螅不时会冒出新芽芽，这些新芽很快就会脱落变成一个新生命的。

咳，螃蟹急了连腿都不要，谁咬去算谁的。事实上，七条腿的螃蟹很清楚，新腿不久就会长出来。虽说新腿有点纤细，至少不会耽误吃饭和干活。

▼螃蟹经常缺胳膊断腿

# 家门紧闭的贝在干吗

撬开了撬开了——哇，珍珠来了！蜗牛的壳像房子，贝壳像大门，而且是两扇门。有时候人们撬开贝壳的家门，还能意外收获珍珠宝贝。所有的贝都会怀抱珍珠吗？其实，只有"珍珠贝"家里才有珍珠，有好多种贝可以造珍珠哦。

**看起来没手没脚没头没脑的贝，其实是个能做大事的家伙。**

我们都知道，大多数珍珠是又白又亮的。但是，生活在墨西哥海湾里的黑蝶贝家里，藏着奇异的黑珍珠哦。

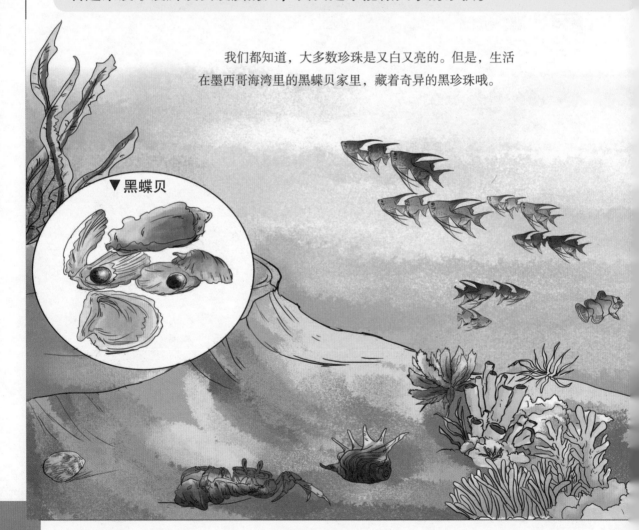

▼黑蝶贝

# 珍珠之心

贝里的珍珠从哪来呢？原来，珍珠的"心"可能是一颗小海沙，也可能是一只小虫子。一旦这样的不速之客闯入家门，珍珠贝就会又痛又痒。那怎么办呢？哦，那就涂点珍珠质。裹在异物上的珍珠质越来越多，天长日久就变成了滚圆的珍珠。

哦，长毛了，贝壳怎么会长毛呢？这个世界太奇妙，企鹅珍珠贝真的长毛毛。而且，企鹅珍珠贝是个珍珠大王哦，它家的珍珠往往又大又圆。

◀长毛的企鹅珍珠贝

# 谁是海里的"大刺儿头"

小小的透明的箱型水母每天拖着粉丝样的长触角在海里游荡，这东西满身都是有毒有刺的坏细胞！被它扎一下可能不会感觉很疼，但是几乎难逃一死。知道箱型水母外号叫啥吗？告诉你吧，人家江湖诨号"海黄蜂"，比眼镜蛇还毒呢。

**千万不要被表面现象迷惑，看起来吹弹可破的水母，实际上可能是个毒王。**

哇，狮子鱼来了！这家伙长得太奇怪了，看起来更像一只爹了毛的鸟，还是超长毛的鸟。它们游泳的时候，身上的"棘刺"呼扇呼扇的还挺好看，所以人们喜欢把狮子鱼请进鱼缸当宠物。但是，狮子鱼的刺是有毒的，虽说毒性不至于要命，也能把人折腾得头痛欲裂。

▼狮子鱼

# 没事最好在家待着

哦，会鼓掌、会顶球、会倒立……动物园里的海狮实在是既聪明又可爱。事实上，那些在海边生活的海狮凶着呢，如果你敢到它家串门，非得打起来不可。因为，每头海狮都有自己的地盘，它们最不喜欢被打扰了。

鼓一点再鼓一点，哈哈，生气的河豚变成了长尾巴的小气球！河豚小名"气鼓鱼"，尽管个头不大，但是毒死人不留情。那是因为，河豚的内脏里存在剧毒的河豚毒素。其实这种东西也能被制成医疗麻醉剂，并不是十恶不赦的。

▼气鼓鼓的河豚

# 奇妙的"豆粒"八条腿！

世界上最小的螃蟹生活在浅海里，由于个头只有红小豆那么大，所以它们也被叫作豆蟹。想找到这小家伙还挺不容易，因为它们往往寄生在水母、海葵、扇贝等海洋动物身体里，目的就是白吃白喝。

## 小的像豆粒，大的像斗笠，它们竟然都是螃蟹。

猜猜，谁是世界上最沉得住气的潜水员？哈哈，海龟选上了！我们都知道，海龟是水陆两栖动物，它需要时不时上岸透透气。但是，只要换气一次，人家就能在水下憋气好几天了。

# 膘肥体壮虾兵蟹将

澳大利亚的巴斯海峡，蓝天碧海风光好，虾兵蟹将都沾光了。这里出产的大海蟹号称世界最大，动不动就长到二十多斤。天哪，如果一只小巴狗二十多斤重，胖得都没法看了，非得肚皮贴地不可。

雨过天晴，小蜗牛上树了！哟哟哟，这小东西充其量像一块钱硬币那么大。你知道海兔蜗牛多胖吗？哈哈，漂亮的海兔蜗牛，经常把自己伪装成珊瑚。大多数情况下，它们会长到7斤左右，这个体重能抵上八九个大红苹果哦。

▼肥肥的海兔蜗牛

# 看看那些深藏不露的怪物

快看，张着大嘴的鼠尾鳕！这家伙脑袋又尖又短，胸膛倒是很宽厚，身后还拖着一条细长的"老鼠尾巴"。鼠尾鳕最喜欢做两件事，那就是用下巴颏刨沙子找食吃，或者等着冒失的小鱼上钩。

小猪不漂亮，但是长成小猪模样的章鱼真的挺好看的。

▼小猪章鱼

小猪章鱼可能是全世界最美的章鱼了！瞧，那圆滚滚的身体简直就是个球，"球上"长了一对乌溜溜的小眼睛，鼻头圆圆的。我们都知道，章鱼又叫八爪鱼，因为它们长着8条柔软的大长腿。小猪章鱼有腿吗？哈哈，它们的触角长在了脑门上，好像奶奶们额前烫了一撮头发。

# 牙好胃口好

你想看看海底的大蜘蛛吗？哈哈，海蜘蛛实际是一种海蟹，但是它们身子小，腿超长，长得实在太像蜘蛛了。寒冷的深海里，可口美食并不多。亏得海蜘蛛的胃口好，那家伙吃了海星啃珊瑚，简直没啥不能吞下肚的。

哇，蝰蛇鱼来了，龇牙咧嘴就来了！这家伙的牙齿太长了，害得它们连嘴都闭不上。

▼蝰蛇鱼

▼鼠尾鳕

▼尖牙鱼

尖牙鱼可以在5000米的深海里顽强地活着。天哪，这家伙长得可真难看，好像被海风吹干了似的。

# 海里那些高超的猎手

皮皮虾总想美事，想着动也不动就能等到好吃的。所以这动物喜欢在大海深处挖个洞住下来，白天家门紧闭，只把两只眼露出来。但是，只要有小螃蟹、小海螺……从眼前游过，皮皮虾就会立刻伸出大钳子，果断将它拦住！

射击、埋伏，鱼儿为了吃饭还真是机关算尽。

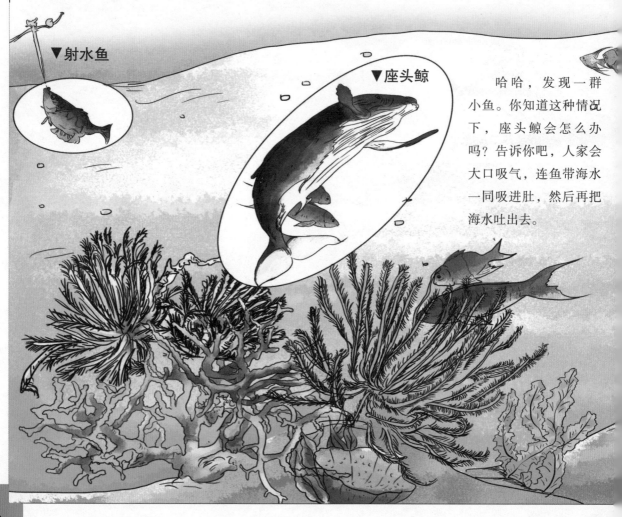

▼射水鱼

▼座头鲸

哈哈，发现一群小鱼。你知道这种情况下，座头鲸会怎么办吗？告诉你吧，人家会大口吸气，连鱼带海水一同吸进肚，然后再把海水吐出去。

# 射水鱼的武器

瞄准——射击！哇，一只小飞虫被击落了，现在它成了射水鱼的俘虏。射水鱼通常紧贴水面活动，就差没学小鸭水上漂了。它们的眼睛永远朝上看，这是在监测苍蝇、蚊子……各种小虫的动向。

哇，黑巨口鱼来了！这个丑八怪下嘴长上嘴短，它们的嘴巴就像门轴一样，可以张得老大。和很多深海鱼一样，黑巨口鱼自备了"手电筒"。奇妙的是，这家伙的发光器竟然在嘴边，这样就可以直接把小鱼骗到嘴里了。

▼挖洞的皮皮虾

# 哼着老歌回家乡

小燕子穿花衣，冬南飞夏北归！一年一度的旱季里，非洲角马也会大迁徙。咳，搬家真是件麻烦事，动物们历尽千辛如此大规模地迁移，也就是为了衣食饱暖嘛。海洋动物会不会搬来搬去呢？会的，比方说大麻哈鱼和三文鱼。

为了生存背井离乡实际上是件很无奈的事情。

哦，爸爸和妈妈互敬互爱，共同养育小宝宝——座头鲸的家都是五好家庭！座头鲸是一种很大的鲸鱼，两条大长"胳膊"让它们显得有点与众不同。每年冬天一到，座头鲸们也会结伴游向温暖的海域，一边游一边唱着哼哼呀呀的歌曲。

# 江里来海里去

哇，大麻哈鱼来了，数不清的大鱼！原来，这些鱼要去养育宝宝了。虽说大麻哈鱼生活在海洋里，但是它们的鱼子和鱼苗喝不惯咸咸的海水。所以，大麻哈鱼必须找到安静、清冽的江河，才能把鱼宝宝生出来。

三文鱼也是在溪水、河流中长大的，有的1岁就起程，最懒的会赶在5岁之前游回大海看一看。天哪，一路上过浅滩，跳堤坝，但是也挡不住它们回家看看的坚定信念。

# 谁是潜伏在海里的发电机

哈哈，电鳐模样特像一把大蒲扇，这大个子真的很来电哦！其实，许多动物的身体里都可能存在少量的生物电，但是电鳐的带电细胞实在太多了，所以放电量超大，电翻小鱼不在话下。

海里有许多带电的动物，它们自己发电自己存着，被惹急了就给你致命一击。

电鳐会把电存起来，留着打猎用。你知道电鳐的电存在哪里吗？原来，它们眼睛两边各有一个袋子，长得好像鞋底似的，其实那就是俩充电电池。

▼电鳐

# 电鳗也有玩命的时候

慢悠悠的电鳗长了一张大扁嘴，这家伙没有突出的鳍也没有鳞片，所以看起来更像一条短粗壮的蛇。你知道电鳗放电的本领有多强大吗？这么说吧，美洲大电鳗玩命的时候，能把一头大牛电死。

哦，这条长胡子的鱼是谁呀？告诉你吧，它的名字叫电鲶，是生活在非洲尼罗河里的一种淡水"电鱼"。其实，你也可以把这家伙看成一条鱼形的电池。

▼长胡子的电鲶

▼电鳗

# 海底森林是不是传说

那里有没有枝繁叶茂的大树，有没有色彩缤纷的树叶……海底的森林究竟什么样呢？这么说吧，海底森林也有树木，很久以前某一次地壳变迁，让一片大树林沉入海底，幸运的是，那些沉海的树木并没腐烂，而是变成了化石，至今仍然矗立在海水里。

**海底森林让我们看到了许久以前植物的样貌。**

油杉长什么样呢？成材的油杉差不多有14层楼那么高，3个叔叔手拉手才能抱住它的树干。哈哈，油杉的叶子最有特点了，长得好像鱼刺似的。

# 难得一见！

你想知道海底森林在哪里吗？告诉你吧，中国福建深沪湾海底有一片古老的油杉树，日本领海里也有赤杨和柳杉。但是，海底森林实在太罕见了，全世界也没有几处。

　　我们都知道，牡蛎、珊瑚等海洋生物都可能变成化石，并且大量堆积在一起。其实，它们也是海底森林的一部分。这样一来，海底森林的成员们高低错落，形态各异，其间还有小鱼游来游去，总是那么生机勃勃。

▼鱼排似的油杉叶子

# 珊瑚究竟是什么

黄珊瑚、红珊瑚、绿珊瑚；像灵芝、像菊花、像鹿角……哇，它们简直就是盛开在海洋的花朵。珊瑚真的是花吗？告诉你吧，珊瑚真的不是花，它们是小小珊瑚虫的杰作哦。

其貌不扬的小小珊瑚虫共同造就了美艳无比的珊瑚海，这绝对是个奇迹。

珊瑚虫喜欢生活在快速流动的、温热的海水里，而且祖祖辈辈住在一起。一个又一个珊瑚虫拥抱、咬耳朵……于是形成了树杈的形状。当一大群珊瑚虫完全被自己的房子包裹起来，我们就看到珊瑚了！

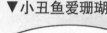
▼小丑鱼爱珊瑚

▼珊瑚虫

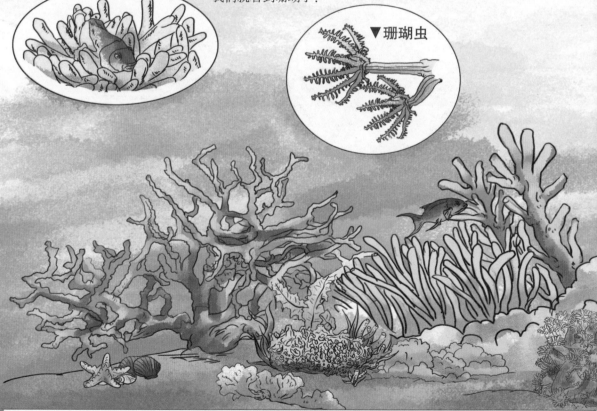

# 小小泥瓦匠

你知道珊瑚虫长啥样吗？原来，珊瑚虫是个圆筒形的小虫，它最少长着八条触角，还有一张小小的嘴巴。每只珊瑚虫都是合格的泥瓦匠，人家能吐出像石灰一样的建筑材料，那玩意儿的样子和咱家水壶里的水垢有点像。

▼ 灵芝样的珊瑚

我们都知道珊瑚是五颜六色的，可好看呢。难道珊瑚虫是色彩大师吗？其实，珊瑚虫造出的珊瑚只有白色和淡黄色两种，但是海水中所含的各种矿物质会帮它们穿上最绚烂的衣裳。

▼ 鹿角样的珊瑚

# 珊瑚的伙伴多又多

想抓我吗？休想！哈哈，色彩斑斓的珊瑚丛就像个庇护所，小鱼躲进小空隙，大鱼钻进大空隙。但是，像鲨鱼那么虎背熊腰的家伙，只能转着圈干着急了。

假如没有珊瑚，大海一定会黯然失色，假如没有那些鱼儿，珊瑚一定会寂寞。

海鳝也会爬进珊瑚丛中寻找安全感的。肥肥胖胖的海鳝，其实不像天使鱼那么脆弱。但是，这家伙习惯昼伏夜出，白天懒得动。所以，钻到珊瑚丛中打个盹儿，是个安全又合理的选择。

▲胖胖的海鳝

# 不撞衫的天使鱼

快看，有子弹型的，也有三角形的——花枝招展的天使鱼来了！如此美艳的鱼儿，其实很容易被那些海洋杀手盯上的。幸好天使鱼的身体扁扁的，这样就可以在珊瑚丛中自由穿梭，气得大鱼眼睛发绿了。

▼天使鱼

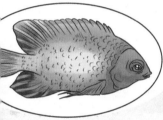

▼豆丁海马

你认识豆丁海马吗？哦，这小家伙儿也叫侏儒海马，个子最高不会超过爸爸的大拇指，它的样子绝对颠覆了咱们的想象。这么说吧，如果你不小心把豆丁海马丢进了珊瑚丛，不拿高倍放大镜根本找不到它。因为，"豆丁"简直是珊瑚的亲兄弟。

# 疯狂长个的大菜

芹菜算是一种高个儿的菜，我们见过的最高大的芹菜，充其量像饭桌那么高。你知道海里的巨藻能长多高吗？告诉你吧，巨藻有可能长到五百多米，咱家的楼摞起二百多层才能追上它呢。

海里的植物种类繁多，紫菜和海带算是常见的，巨藻那玩意儿你准没见过。

◄ **巨藻变塑料**

你知道巨藻能干吗用吗？哦，巨藻的用途可多了，比方说提炼藻胶，放在果酱、冰激凌里；制成纤维板，用来加工家具；还能制成塑料。

# 一把超大的"鸡毛掸子"

如果你问小鱼，巨藻长啥样？它一定会仰起头说，整棵的巨藻看起来很像一把鸡毛掸子，叶片和海带差不多。哎哟，这家伙每天都在长个子，天冷少长点，天热多长点。

超市里的紫菜，我们都见过，有的包成方形，有的包成圆形。你真的认识紫菜吗？其实，紫菜是红藻的一种，喜欢挨着海边的岩石生长。紫菜刚捞出来的时候，乱得简直像团麻，是渔民伯伯把它们挂在杆子上晾干了，又给剪成了整整齐齐的样子。

▼ 晾晒紫菜

# 吃太撑了麻烦大

不好，来势凶猛！谁来了？天哪，海藻、浮游生物，还有海里的害虫，总共好几十种东西合伙入侵海岸线了。它们可能纠结成红色的赤潮，绿色的厄水，或者蓝色的青潮，学名全叫作有害藻花。

**假如人们把大海当成垃圾场，它迟早会把更多的垃圾还回来。**

哇，海面被点亮一大片！难道是夜明珠出现了？不对不对，是夜光藻把海面照亮了。别以为夜光藻是我们的好朋友哦，这玩意儿是赤潮形成的主力军。它所到之处，吸光海水里的氧气，挡住温暖的阳光……咳，什么鱼虾贝的，遇到夜光藻统统活不下去。

# 藻花是什儿

有害藻花不仅会污染海水，还要跟鱼儿抢吃的。为什么会出现这种坏状况呢？怪就怪有人把海水当成垃圾场，将大量工业或生活废水排放到海里。而组成藻花的那些坏分子，见到脏东西没命地吃，于是就泛滥成灾了。

夜光藻是啥东西呢？这玩意儿个头很小，小到肉眼根本看不到，但是会扎堆儿干坏事。它们是球形的、透明的，样子有点像水母。

▲夜光藻

# 藏在海边的小捣蛋

哇，这条"海参"竟然没穿衣服！哈哈，你认错了，人家叫海肠，平常生活在浅海的石头缝里。不过难免遇到海水涨潮，它们就被冲上来了，只好躲在海沙底下歇一会儿了。

海边不是太平世界，时不时有些安营扎寨的小东西会冒出来捣乱的。

哟，粉粉嫩嫩的，这是一条肥蚯蚓吗？其实，人家叫沙虫，经常在海滩上挖洞安家。但是你想逮到沙虫并不容易，因为只要听到铁锹挖沙的声音，它们立刻就会钻到你找不到的地方去。

▼海肠

◀沙虫

# 找爱的梭子蟹

哈哈，梭子蟹不请自来，8条小腿瞎捣腾。其实梭子蟹也知道上岸很危险，但是每到找对象的季节，它们还是会不自觉地爬上岸来。

海肠不咬人，沙虫也不凶人——海边真的很安全吗？那可不一定哦，有毒的海蜇可能等着扎人呢。所以，当你在海边玩水的时候，必须高度警惕，一旦发现不明生物迅速撤离。

▼有毒的海蜇

# 红树林的魅力大！

碧海之上有绿洲！一些喜欢吃盐的"红树"聚集在一起，其中有乔木、灌木，也有草本植物和藤本植物，它们扎根在浅淡的淤泥里，根系的一部分可能露出水面呼吸空气。大家就这样造就了一片绿油油的海面林地。

神奇的红树弃土入水，鱼儿鸟儿也纷纷围了过来。

海鸥飞来了，野猪跑来了……快看，海、陆、空的好朋友们正向红树林靠拢！因为它们知道，红树林附近可以找到瓜果蔬菜等各种好吃的。

# 落水生根

你认识秋茄树吗？原来，它就是红树家的一员，树上长着肥厚的椭圆形树叶。和其他红树一样，秋茄的种子也会在树上发育成熟，然后再落入水中生根。

你知道树是怎么喝水吃饭的吗？没错，树根先吃，然后再由它把水分和养料送到树的全身。如此一来，好多螺、贝也会凑过来，向红树脚下的泥土讨吃的，马蹄螺就是其中之一。呵呵，这家伙长得好像圆形金字塔。

▲上树的跳跳鱼

# 谁在海边岩石上圈地为王

海边高高矗立的岩石，是个很棒的栖息地。海鸟们会把巢造在岩石上。哇，好多尖尖嘴的憨鲣鸟！这鸟脸上藏着一只睡觉的小狐狸。在哪呢？哈哈，假如憨鲣鸟一本正经照张证件照，你就能看到狐狸了。

海边那些巨大岩石成了许多海鸟安家的地方。

▲ 憨鲣鸟证件照

▲ 海鸠

如果海鸠不把肚皮亮出来，你很可能把它当成乌鸦，但是，海鸠的翅膀带了"白袖箍"。海鸠走起路来摇摇晃晃有点笨，但是潜水本领超一流。

# 靠山抓山！

海鸟会飞，所以它们占领了岩石上的高地。还有些小可怜儿就趴在岩石的脚底下，以防被海水冲跑。都有谁呢？比方海螺、螃蟹……它们太弱小了，禁不起风吹雨打，只好把岩石当成了坚强大靠山。

哇，暴雪鹱要着陆了！这个大鸟起飞的时候，尾巴好像打开的折扇，翅膀则会平伸成一字形。由于这对宽大的翅膀，它们每次着陆必须找个宽敞的石头平台才行。

▲ 暴雪鹱

# 那些飞来飞去的"蜘蛛侠"！

北极燕鸥可喜欢夏天了，每年过两个夏季才过瘾呢。这怎么可能呢？哈哈，它们在北极过个夏天，再飞到南极洲附近享受另一个美好夏天。天哪，这个迁徙的过程来回40000多千米，已经超过了所有需要搬家的动物的旅途长度。

抓鱼吃是海鸟生活中最快乐的事情之一，海鹦鹉抓鱼的本领相当了得。

▼海鹦鹉

哦，找到一个小土坑，那就住下吧。这个花嘴巴、白肚皮的黑鸟是谁呀？哈哈，它是海鹦鹉。岩石上有土吗？当然了，风吹日晒日子久了，大石头也会变质的。海鹦鹉那张彩色的大嘴巴，鲜艳得好像鹦鹉毛。天哪，这嘴巴好像夹点心的夹子，一次能咬住好几条七星鳗鱼呢。

# 鹈鹕的大嘴巴

你知道鹈鹕怎么抓鱼吗？原来，这家伙的大下巴竟然是捞鱼用的。看准了鱼群——俯冲——下嘴！嘿嘿，一下子能捞上好几条。

我们都知道，飞机飞太久也会没油的。你知道信天翁能在天上飞多久吗？告诉你吧，它们能够连续飞上好几个星期不降落。

▼信天翁

# 海中的冰山凉透心

南极和北极附近的大洋里总会有露出海面的冰山，就好像一个个超大的大白雪人！冰山会不会融化呢？这件事原本挺难的，因为冰山附近大气稀薄，一点热气都存不住。现如今全球变暖，冰山的危机感越来越强烈了。

人类活动制造大量二氧化碳导致温室效应，这已经间接危害了坚不可摧的冰山。

咳，全球变暖真是件麻烦事，它让一座大冰山变成许多小冰山，在大洋里添置许多阻碍物。水暖了，大量磷虾也找上门来。然后，鱼跟来捕虾了，鲸跟来捕鱼。

# "泰坦尼克"的悲哀

我的天，冰山简直太硬了，它毫不费力就能把一艘船撞成废铜烂铁。很多年前，著名的英国邮轮"泰坦尼克"号，就是在纽芬兰岛附近撞上了冰山，最终导致了震惊世界的沉船惨剧。

小小的磷虾是许多动物的盘中餐。锯齿海豹就是个捕虾高手，这家伙的牙齿之间那些空隙简直太完美了。哎哟，它呼噜吸一口水，吸来一堆磷虾，再咧开嘴让水漏出去，然后嘴里只剩虾了。

# 古代的海洋有啥不一样

很久很久以前，地球上海洋面积没这么大。后来为啥变大了呢？原来，地球肚子里储存了好多水，也就是我们俗称的地下水。地下水咕噜咕噜往外冒，于是慢慢把海洋撑大了。

陆地变小了，海洋扩大了，这是一场旷日持久的较量。

◀菊石

你知道菊石是啥东西吗？告诉你吧，它是鹦鹉螺的亲戚，侧面看它的螺壳，样子的确有点像菊花。

# 海中绿巨人

远古的海水不像现在这么咸，海洋里动物和植物数量也比较少。由于大家都能吃饱吃好，所以造就了许多大个子，比方说巨形海藻。不咸的海水为啥又咸了？告诉你吧，海陆水分蒸发、降落大循环，这才把许多咸溜溜的东西塞进了大海。

哇，恶狠狠的滑齿龙！它和鳄鱼长得挺像，但是没手没脚，只有前后两对划水的鳍。天哪，这家伙也是曾经的海洋小霸王。

▼滑齿龙

# 那些埋在大海深处的城堡

有门有窗有宝藏，谁会去海底盖房子呢？像印度坎贝湾"黄金城"、埃及亚历山大水下古城这样闻名世界的水下古城至少还有七八处。这么说吧，不是地震就是大水灾，才让它们完好地沉入了水底。

没人会去海底筑城建屋，但是大海深处真的有城堡。

# 发现"南海一号"

不好，沉船了！一千多年前的中国南宋时期，"南海一号"在广东海域不幸沉没了。一千多年之后，人们进行海底考古，终于发现了"南海一号"搭乘的那些宝贝，比方说金银铜铁，还有大量瓷器。

咦，贝壳为什么会粘到瓶瓶罐罐上？没办法，它们实在太赖皮了，见谁都想上前搭个话。假如你今天把一个瓷瓶子丢进大海，两年之后又找到它。那完蛋了，贝壳一定把瓶子占领了，摘都摘不下来。

▼贝壳瓷瓶

# 大洋与大陆的分分合合

你相信大海会搬家吗？这是真的哦，不仅大海搬，大陆也会搬。这是怎么回事呢？这么说吧，海、陆底部有个软流层，那里充满了颤颤巍巍的岩浆。岩浆流动，大陆和大洋跟着就漂走了，但是速度不算快，否则咱们早都被转晕了。

貌似纹丝不动的陆地其实蠢蠢欲动，只不过行动极其缓慢而已。

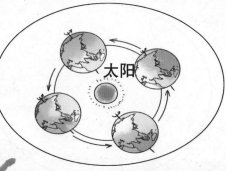

▶地球绕日公转示意图

太阳

陆地是陆地，海洋是海洋，这就好像水和石头根本不是一回事。所以，大洋和大陆相连的地方老是出事儿，比方说可怕的火山、海啸。

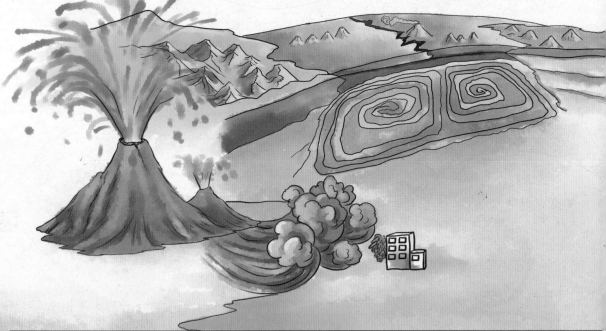

# 海陆相间

其实很久以前，地球上所有大陆都是连在一起的，中间根本没有大海。但是禁不住天长日久，大陆和大洋一直都在拂动，终于形成了现在这种海陆相间的样子。

你知道地球上有几个大陆板块吗？告诉你吧，有六个，它们分别是亚欧板块、印度洋板块、太平洋板块、非洲板块、美洲板块，以及南极洲板块。

欧亚板块

美洲板块

非洲板块

太平洋板块

印度洋板块

南极洲板块

▶古代大陆板块示意图

# 海边的冬天为什么不太冷

美妙的海边小城镇，那里真的冬暖夏凉哦。这么说吧，同样是太阳当空照，海水比陆地热得慢，太阳下山了，海水凉得也慢。没错，由于海水总是慢半拍，海边的气温基本上不会大起大落。

**冷了吹热气，热了吹凉风，海水可会看火候了。**

很久以前科技不发达的时候，人们试过用漂流瓶研究海水流动。由于瓶子没有力气逆流而上，所以它的走向与海水的流向基本一致。哈哈，大黄鸭跟漂流瓶还真有点像。

# 咸得冻不上

海水会结冰吗？哎，大部分海水里的盐实在太多了，而且总在不停流动，所以根本冻不上。但是，流到南极和北极的海水盐分比较少，所以会被冻上。

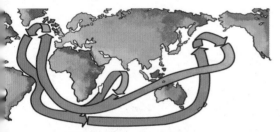

▲洋流路线示意图

如果海水不流动会怎样？天哪，冷的地方永远冷，热的地方永远热，那可太糟糕了。墨西哥暖流就是个热心肠，它会把温暖的海水送往欧洲各地。

# 大海为什么要咆哮

快跑，大海在咆哮！弥天大浪好像一堵水做的墙，没命地拍向海岸。大海这是怎么了？咳，一定是海底出事了，也可能是滑坡、地震或者火山。先前，这种微小的波动可能只在海面拱起小小的浪头，但是跑得超级快。

**多数情况下大海是个"老实人"，可是它的确有发泄的需求。**

来到那些海啸频发地方，每个人都该随身携带一个急救包。里面有啥呢？常备药、饮用水，还有压缩饼干，至少带够72小时吃喝用的。

# 响彻千里之外

"快跑小浪"冲到岸边已经刹不住车了，于是猛地收紧肚皮向上运动——海啸就这么发生了。我的天，智利海啸竟然能够穿越大陆和海峡，让几千里外的夏威夷都遭殃。人们也把这种漂洋过海制造灾害的海啸叫作"越洋海啸"。

▼ 海啸急救箱

假如你突然在海滩上发现了大量的鱼虾蟹，千万不要凑过去看热闹哦。因为，这很可能是海啸发生前的预警信号。

▶被海啸赶上岸的鱼

# 海水真是蓝色的？

哈哈，你被骗了，因为海水是无色透明的！不信你可以捧一捧海水，送到鼻子底下仔细看看。谁都知道太阳放射的光芒是七彩的，但是阳光照在不同物体上会反射不同颜色的光。对了，阳光照在海面上，大海就把蓝光反回来。

原来，看上去湛蓝一片的海水根本没有颜色。

自来水也是水，它为什么不会反射蓝色光呢？这是因为，自来水中的杂质比较少。但是海水就不一样了，它的成分很复杂，比方说其中含有大量盐，这些东西都会帮助海水变成梦一般的蓝颜色。

# 红海是个大火盆？

嗨，你听说过红海吗？告诉你吧，红海位于非洲东北部，它是被海藻染红的。因为这片海水的温度太高了，所以成了海藻生长的乐土。红海为啥热乎乎的呢？原来，这片海域的海底不断涌出滚烫的岩浆，就好像一个不熄灭的大火盆哦。

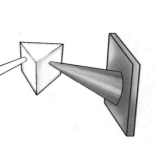

三棱镜这种仪器，可以很方便地帮我们观看到七彩的阳光。如果没有三棱镜，那就去找个透明的圆珠笔笔管好了。快呀，把它拿到阳光下，不停变换角度观察。哈哈，七色光就这样出现了！

# 不要让大海泪涟涟！

一粒沙子掉进水盆里，没什么大不了的，一捧沙子掉进水盆里——水就浑了！假如每个人都往大海里丢垃圾，你丢一个塑料袋，我丢一个易拉罐，用不了多久，大海就会变成垃圾筐的。

人们总在不经意间伤害大海，实际上这等于间接地谋害自己。

有的时候，航海的轮船发生漏油事故，也会连累无辜的海鸟、海豚……活活将它们困死在油污里。

# 损鱼不利己

靠海就吃海，人们为了捕捞海鱼，可能会不择手段。比方说撒下鱼线，上头挂着好几万只鱼钩。鱼被钩到了，吃鱼的海龟也被钩到了，一连串全倒霉。

假如为了那一碗羹汤，一条大鲨鱼就没命了——你会吃鱼翅吗？为得到一个龟壳当摆设，竟然谋杀一头海龟——你愿意把这样的装饰品摆在家里吗？不会，当然不会，因为我们都是新世界的小爱神！只会爱，不伤害。

# 下海找不着北要问谁

海里可没有路标，潜水员到底能不能找到北呢？哈哈，找不到北就去问身边游过的小鱼吧，它们随身携带"指南针"哦。小鱼的指南针，其实就是侧线器官。

这个世界上只有迷路的人，却没有走错路的鱼。

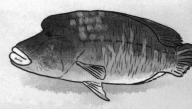

你知道侧线器官是怎样工作的吗？原来，细长的侧线器官上长着许多细小的绒毛，每根毛毛都是个微型感应器。这么说吧，海水往哪个方向涌动，毛毛就往哪边倒，因而就能够精确感知海水的动向了。所以，侧线器官越长的鱼，感觉也就越灵敏。